AF316914

SOCIÉTÉ INDUSTRIELLE DU NORD DE LA FRANCE.

EXCURSION

À

L'EXPOSITION D'HYGIÈNE ET DE SAUVETAGE

DE BRUXELLES

Par M. ANGE DESCAMPS.

LILLE,

IMPRIMERIE L. DANEL.

1877.

EXCURSION

A

L'EXPOSITION D'HYGIÈNE ET DE SAUVETAGE

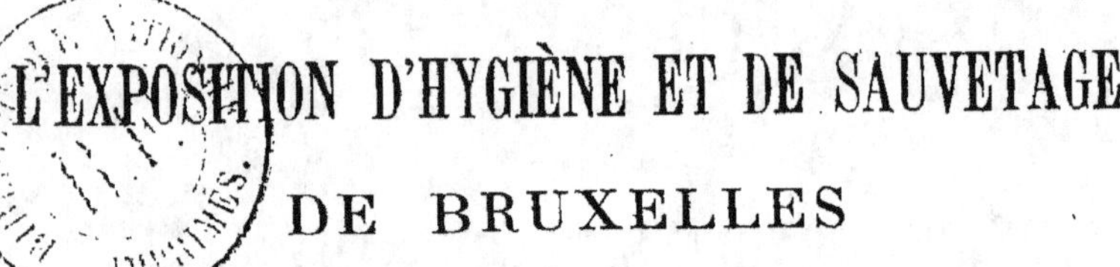

DE BRUXELLES

Par M. Ange DESCAMPS.

Dans les séances précédentes de notre Comité de filature et de tissage, l'entretien s'est parfois porté sur l'Exposition ouverte à Bruxelles, le 26 juin 1876, et sur quelques objets que leur utilité recommandait plus particulièrement à notre attention. L'insistance bienveillante de M. Kuhlmann veut aujourd'hui donner un corps à à ces causeries dont les éléments modestes, convenables pour notre intimité, n'étaient pas destinés à affronter les exigences d'une séance générale. Je fais donc appel, Messieurs, à toute votre indulgence.

Dès son origine, cette Exposition vous a été signalée. Sous la présidence de M. Auguste Longhaye, dont le nom se trouve en tête de toutes les œuvres de générosité et de dévouement, un Comité s'est formé pour exciter dans la région du Nord de la France le zèle des visiteurs et des exposants. La Société Industrielle lui a donné son concours empressé. A plusieurs reprises, quelques-uns de ses membres se sont rendus à l'Exposition, et tous ont été agréablement surpris de trouver de précieuses connaissances industrielles à acquérir dans cette enceinte qui semblait, par son titre, exclusivement réservée à l'assistance publique.

Elle avait pour but l'hygiène et le sauvetage, en prenant le mot *sauvetage* dans la signification la plus large qu'il comporte, à savoir tout ce qui tend à sauver, à garantir la vie des hommes. Ainsi ceux qui inventent les procédés les plus efficaces pour préserver l'existence des travailleurs, assurer l'aérage des mines, prévenir les collisions des trains et des navires, assainir les habitations et les ateliers industriels, sont de véritables sauveteurs.

Ce champ considérable a été divisé en dix sections, qui successivement, combattent les dangers, de l'incendie, de l'eau et de la circulation, soulagent les maux de la guerre, préviennent les accidents de l'industrie, préconisent les lois de l'hygiène publique et privée, et les institutions en faveur des classes laborieuses et agricoles; elles résument enfin les efforts de la médecine, de la chirurgie et de la pharmacie pour le soulagement de l'humanité. Tel est le vaste programme qui se développe dans les galeries que nous allons rapidement parcourir, mais en limitant notre courte station devant les seuls objets que signalent leurs rapports avec les intérêts de notre ville ou les études de la Société Industrielle. Nos chers collègues des Comités voisins nous permettront bien, pour cette fois, quelques incursions dans leur domaine.

Commençons dans la section Française, par un appareil qui offre un sérieux intérêt, si l'on considère les services qu'il est appelé à rendre dans la plupart des établissements publics et privés; nous voulons parler de l'Avertisseur d'incendie, exposé par M. Jules Le Blan, de Tourcoing, lauréat de la Société des Sciences et Arts de Lille en 1869, et membre de notre Société Industrielle.

Dans les expériences qui ont été faites devant le Jury de l'Exposition, ce thermo-révélateur a prouvé une incontestable supériorité, et a valu à son inventeur la plus haute récompense.

Tous les avertisseurs concurrents ne donnent l'alarme que lorsque la température atteint un maximum fixe déterminé d'avance, tandis que celui de notre ingénieux collègue donne le signal dans le même espace de temps, à quelque degré que soit la température de la salle, aussi bien à zéro degré qu'à un point quelconque de l'échelle thermométrique.

Le principe de cet appareil est de la plus extrême simplicité : il repose sur l'inégale sensibilité de deux lames métalliques ou de deux thermomètres à mercure accouplés et dont la dilatation linéaire est égale pour un même nombre de degrés. Cette combinaison permet son réglage automatique, de manière à suivre les variations normales de la température.

Ainsi que vous allez le constater dans l'expérience que M. Jules Le Blan veut bien nous offrir, si, par une cause accidentelle, la température de la salle vient à monter subitement, le thermomètre ou la barre sensible se met presqu'immédiatement en équilibre avec le degré de l'air ambiant, tandis que le thermomètre ou la barre moins sensible, protégée par une enveloppe de drap ou de feutre, n'est impressionnée que dans un espace de temps beaucoup plus long. Il résulte de cette disposition que la dilatation rapide de la première barre ne tardant pas à mettre celle-ci en contact avec la vis de réglage adaptée à la seconde, complète ainsi le circuit d'une pile électrique: aussitôt fonctionne la sonnerie d'alarme. Cet avertisseur d'incendie, si opportun dans les ateliers, les cales de navires et les magasins, pourrait être aussi avantageusement utilisé comme régulateur de température dans les séchoirs et les étuves de certaines industries.

Au milieu des inventions de MM. Frémy et Phalempin, déjà décrites dans nos publications, se dresse l'échelle de M. Frédéric Bondues que vous avez encouragé d'une prime au concours de 1875. Par la traction d'une corde métallique, un treuil fait monter le long de la flèche le chariot pont-levis et l'échelle mobile. Une vis sans fin permet de donner à tout le système l'inclinaison voulue pour que les pompiers, une fois grimpés au sommet de l'échelle à crochet, puissent atteindre à 15 mètres de hauteur les fenêtres supérieures de la maison incendiée et pénétrer dans les appartements.

La ville de Lille a fait une bonne affaire et une bonne action par l'achat de cette échelle, dont l'incendie de la rue d'Angleterre, de sinistre mémoire, a révélé l'opportunité. Elle devrait aussi prendre le modèle des robinets à deux tubulures placés dans le pied même du reverbère des rues, par le célèbre constructeur allemand, M. Krupp. Ses bouches à eau dès lors employées comme fontaines, seraient toujours visibles au lieu d'être enfouies sous les trottoirs et cachées pendant l'hiver par des couches de neige et de boue.

L'éclairage très-économique et continu pendant 14 heures de la lampe Cosset-Dubrulle, a été justement remarqué. On ne peut l'ouvrir sans l'éteindre. Elle lutte avec avantage contre les appareils perfectionnés de la « Protector-Lamp et Lighting company, » de Manchester.

Sans faire ressortir le mérite déjà apprécié ici même et consacré à Bruxelles par une nouvelle récompense des pompes Deplechin et Mathelin, arrivons au compartiment de M. Basin, cet ingénieur si fécond en inventions utiles.

Son bateau-express, en lame de couteau, pourra atteindre la prodigieuse vitesse de 19 nœuds ou 35,000 mètres à l'heure, au lieu de 11 à 12 nœuds ou 20 à 25 mille mètres que fait un rapide aviso, par l'adjonction de tambours, se mouvant circulairement dans les flots qu'ils traversent comme une roue de moulins.

Le nom de M. Basin a acquis une réputation européenne par les fouilles entreprises au fond de la mer, pour rechercher et explorer les 14 galions Espagnols, coulés dans la baie de Vigo, en l'an 1702. Des épaves de tous genres, des canons, des lingots d'argent, etc., qui sont là exposés sous nos yeux, ont surgi tout à coup à la lumière, après un ensevelissement de 174 années sous la plaine liquide et 4 mètres de vase. Des plongeurs revêtus du scaphandre, inventé par M. Denayrouse, sont allés les repêcher sur les vaisseaux déblayés préalablement par les tubes aspirateurs.

Voici le principe à la fois merveilleux et simple de la construction de ces tubes, que M. Basin nous a développé lui-même :

Concevez un navire placé au dessus de vases situées à dix mètres de profondeur. Un tuyau le traverse s'appuie sur la vase : naturellement celle-ci, à la densité de 1.25, monte dans le tuyau jusqu'à la hauteur de huit mètres (en vertu de la loi d'équilibre des liquides de densité différente dans des vases communicants); mais si, au lieu de 8 mètres, le tuyau a seulement 6 mètres 50 c., la colonne de vase qu'il contiendra ne sera plus en équilibre; elle se trouvera sous une pression de 1 mètre 50; animée alors d'une vitesse de 5 mètres 42 par seconde, elle remplirait le navire d'eau et de vase, si une machine élévatoire ne s'empressait de la rejeter au dehors.

Telle est la théorie de ces Extracteurs que l'Amérique, l'Angleterre, la Russie emploient à l'estuaire de leurs grands fleuves. Une seule de ces puissantes « Sucettes » ne ferait qu'une bouchée de toute la boue de notre paisible Deûle. Ainsi se trouverait rapidement assuré le bon état de la navigabilité dans nos riches contrées où le développement incessant de l'Industrie et du Commerce est contraint, par l'insuffisance des voies ferrées, de répandre sur les canaux et les routes, une masse toujours croissante de transports.

La magnifique Exposition de la ville de Paris se présente ensuite. Le service complet des eaux et des égouts, depuis la machine élévatoire de la Marne et le siphon de l'Alma jusqu'au wagon-vanne et au plan des irrigations de la plaine de Gennevilliers, est là tout entier. Sa Majesté la reine des Belges a daigné constater la supériorité écrasante des choux de cette culture maraichère parisienne sur les maigres légumes des champs irrigués de Dantzig. Mais une satisfaction plus légitime à notre amour-propre national, c'était le concours incessant des hommes sérieux, dans l'école de dessin d'arrondissement pour les ouvriers. En voyant ses livres, ses cahiers, ses modèles, ses maquettes, on comprend comment se perpétuent ces traditions de l'Art, qui assurent à notre capitale son incontestable suprématie.

L'état de nos finances municipales n'a pas permis à l'Administration Lilloise de présenter aux regards des étrangers le tableau de

la transformation urbaine , dont nous sommes les spectateurs inté-
ressés. L'ouverture de vastes artères , l'établissement de marchés ,
de squares , de jardins , qui versent l'air et la lumière dans des
quartiers populeux et accroissent la longévité de leurs habitants ,
auraient offert aux autres centres d'agglomération , par des plans
historiques et comparatifs, l'enseignement utile de l'exemple et de
l'expérience. L'hôpital Sainte-Eugénie , la cité Napoléon , les
maisons de la Société Immobilière , auraient supporté vaillamment
la comparaison des établissements similaires des monarchies
allemandes et autrichiennes où ils sont si perfectionnés.

Sous peine de voir décliner leur influence et leur prospérité , les
États ne peuvent se soustraire aux impérieuses nécessités des sociétés
modernes, ni ralentir le développement de leurs richesses agricoles
et manufacturières. La Russie est entrée largement dans cette voie
progressive et, bravant les obstacles de la distance, son Exposition
présente l'ensemble saisissant d'améliorations qui dénotent l'esprit
le plus civilisateur.

Sur l'un des côtés de son compartiment, découpé à jour, doré et
bariolé de couleurs voyantes , un vrai bazar de Nijni Nowgorod ,
s'étagent les objets multiples du musée pédagogique : pour instruire
davantage , par une innovation originale , ils parlent aux yeux ,
et les proportions des éléments constitutifs de certaines parties de
l'homme , du sol et des végétaux , présentées dans des tubes et
sur des tableaux gradués , s'impriment aisément dans la mémoire
de l'élève.

Au milieu des dessins figurant la ventilation des palais impériaux
et des poëles si propres à l'utilisation complète de la chaleur, se
trouvent les plans en relief de la manufacture de Krahnholm, près
de Narva (Esthonie), qui comprend 280,000 broches de coton et
2,000 métiers à tisser. Située dans une île entourée par les rapides
de la rivière Narowa, elle est actionnée par 7 turbines de 1,000
chevaux environ construites à Augsbourg et par une roue métallique de 10 mètres de diamètre sur 8 mètres 1/2 de largeur.

Les chûtes ont 8 mètres de hauteur moyenne. — Cet établissement modèle loge dans son entourage une population de 500 ouvriers que de l'état sauvage il éveille pour ainsi dire à l'intelligence en leur assurant, malgré les rigueurs du climat, les conditions du bien-être et d'une éducation pratique dans des habitations qui offrent toutes les ressources d'une ville. Les tissus fabriqués sont adressés aux établissements de Moscou, pour y subir les diverses manutentions d'apprêt, de teinture ou d'impression, sous la surveillance d'ingénieurs qui viennent chaque année en Alsace s'alimenter aux sources pures du progrès.

L'Alsace, cette contrée sympathique si violemment arrachée à notre famille française, se rappelle à nous par un bienfait. Notre devancière, la Société de Mulhouse, a envoyé les bulletins de son association pour prévenir les accidents de machines dans les ateliers, et M. Engel-Dolfus a réuni dans un bâtis une série d'appareils préventifs pour la sécurité des ouvriers : poulies folles montées sur douille indépendante afin d'empêcher le grippement, crochets porte-courroies, embrayages divers, manchons, couvertures d'arbres, etc. On y voit aussi les dispositions empêchant l'ouverture d'une devanture, d'un couvercle avant l'arrêt de la machine, les précautions pour les mécaniques de filature, les calandres, les laminoirs, les scies, etc.

Notre Association des propriétaires d'appareils à vapeur a étudié avec un vif intérêt dans les vitrines des associations similaires de Bruxelles et de Magdebourg, les plaques corrodées, les spécimens d'incrustations et les procédés préconisés pour les combattre.

En fait de *combustion*, les Italiens présentent un système tout-à-fait nouveau : sur les grilles, au-dessus d'une série de becs de gaz, ils placent des cadavres dont ils recueillent les cendres dans des bocaux. Ainsi, un homme de 70 ans, du poids de 55 kil., se trouve réduit à 3 kil., tare comprise. Grâce à la crémation, dans ce fortuné pays, il n'y aura plus désormais de veuves inconsolables, car, nouvelles Artémises, elles pourront, en ouvrant l'armoire aux provisions, prendre en tout temps une pincée de leurs maris.

Les exploitations minières ont provoqué bien des inventions. On connaît déjà le parachûte Fontaine, à tendeur câble compensateur pour empêcher le cuffat d'être précipité au fond du puits quand le câble d'extraction vient à se rompre.

Pour les cas de détresse, la Société de Couillet présente le Cabestan de secours sur roues, composé d'une chaudière, d'une machine à changement de marche et d'un tambour sur lequel s'enroule un fort câble métallique. Celui-ci contient au centre deux fils de cuivre, mettant en communication un bouton placé à l'extrémité du câble et une sonnerie électrique qui est sur la machine même. Les ouvriers du fond peuvent donc communiquer par signaux conventionnels avec ceux du jour.

L'évite-mollettes de la Compagnie de Douchy est destiné, comme son nom l'indique, à empêcher la cage d'arriver dans son ascension jusqu'aux mollettes et, par suite, d'occasionner de très-graves accidents, au cas où le machiniste oublierait de stoper à temps la machine. La cage reliée au câble d'extraction par une attache à déclanchement automatique, se détache instantanément à un point déterminé de la charpente, et vient se reposer sur deux taquets latéraux qu'elle a soulevés en montant.

A propos d'ascenseur, n'omettons pas l'appareil hydraulique de MM. Lefebvre et Cie de Lille : dans un tube de cuivre placé verticalement le long de l'échafaudage se meut un piston sous la pression alternative des poids dont il est chargé ou de l'eau de la ville qui le pousse.

Près de ce vindas on pouvait remarquer les parquets mosaïques pyrofuges et hydrofuges de M. E. Briffaut ; cet inventeur a réalisé des progrès sérieux dans sa nouvelle industrie.

Plus loin se trouve le gazomètre pour installations isolées de M. Du Rieux. L'utilisation dans trente-quatre établissements de ce système basé sur les hydrocarbures, a justifié les promesses de l'intéressant mémoire présenté à la session du Congrès scientifique de Lille en 1874 par notre jeune collègue.

Les appareils de circulation sur les routes, les tramways et les chemins de fer, occupent de vastes galeries où s'amassent les modèles les plus variés de voitures, de cars, de wagons, de déharnachement instantané, les clôtures, les garde-corps, les barrières, les signaux, etc. Puisse leur examen approfondi par les hommes spéciaux, prévenir le retour de ces catastrophes de Seclin, d'Auchy, de Lambersart, qui ont provoqué dans toutes les familles un retentissement si douloureux !

Nous devons y signaler le frein Heberlein, très-usité en Allemagne et en Angleterre : un voyageur ou un garde, en tirant la corde qui passe dans leur wagon, fait déclancher tous les leviers des sabots et enrayer immédiatement les roues.

Citons encore l'appareil Mouquet pour le chauffage et la ventilation des wagons. Son système pour l'admission de l'air extérieur par un entonnier logé dans le toit des voitures et pour le chauffage complet par des tubes formant serpentin sous leur plancher, a été justement distingué parmi les nombreux spécimens que présente cette classe de l'Exposition.

Une charmante réduction de moteur et d'avaleresse rappelle aux 400 convives de M. Warocqué l'hospitalité aussi sympathique que princière qu'ils ont reçue le 30 juin. La renommée européenne des charbonnages de Mariemont et de Bascoup justifierait leur description complète. Dans l'étendue des détails de cette grande entreprise, bornons-nous à deux citations.

La Warocquère est une machine destinée à descendre les ouvriers dans les mines. Les paliers mobiles, dans le sens vertical, sont solidaires de deux tiges animées d'un mouvement alternatif. Une des tiges monte quand l'autre descend et leur course finit simultanément : les paliers sont alors au même niveau deux à deux et les ouvriers peuvent passer de l'un sur l'autre. La Warocquère permet donc à une première série d'ouvriers de monter pendant qu'une seconde série descend. Les tiges verticales sont actionnées par des pistons qui circulent dans des corps de pompes au moyen d'une pression hydraulique donnée par la machine rotative à mouvement continu.

Par de nombreux emplois du câble télodynamique, les machines motrices fixes transmettent leur force à des distances considérables, 1,000, 2,000, 3,000 mètres. Ces câbles, soutenus de place en place sur des poteaux ou sur des berlines, sont entraînés par le moteur comme une courroie de transmission et cheminent ainsi sans cesse chacun dans un sens opposé. Imaginez dans un pays ravissant l'activité d'une foule d'industries diverses déployées dans un immense horizon, ces wagonnets venant par monts et vallées verser avec une ponctualité mécanique leur part de butin à la ruche centrale; songez que ce travail incessant se reproduit à divers étages dans les entrailles de la terre, et vous comprendrez le souvenir profond qu'a laissé ce panorama à ses heureux admirateurs.

Nous pourrions prolonger cette course dans l'Exposition, passer d'un train d'ambulance dans un hôpital, pénétrer dans un canot de sauvetage et nous initier à tant d'inventions enfantées par la pensée généreuse de soulager toutes les infortunes; je craindrais d'abuser de votre bienveillante attention.

Mais ne terminons pas sans offrir notre tribut d'hommages aux hommes éminents qui ont créé et organisé cette œuvre toute d'iniative privée. Honneur au pays qui, protégé par sa neutralité contre les vicissitudes de la guerre, cherche noblement à relever les ruines et à cicatriser les blessures! Honneur à ceux qui ont convié toutes les nations à concentrer leurs efforts pour le bien-être de l'humanité! Ils ont ainsi concouru à l'une des tâches les plus méritantes et les plus glorieuses de notre siècle: Assurer par l'union des peuples le travail qui fructifie et la paix qui féconde.